优生活

自己做才安心

手作松饼的美好食光

用松饼粉做早、午、晚餐 × 下午茶 × 派对点心

高秀华　著

杨志雄　摄影

北京出版集团公司

北京出版社

在对的时间，吃对的食物

　　薄饼、煎饼、松饼有着异曲同工的奇妙之处，既可当点心，又可做主食，可以是甜的，也可以是咸的，任凭你随意搭配，变换出不同的味道。随着现代生活形态的多样化，越来越多的人喜欢自己做美味精致的食物与家人和朋友一起分享，那就来点不一样的吧！松饼系列能创造出新奇、健康又有个性的美食，满足家人、朋友、大众的需求。

　　我们可以利用美式松饼的松软、日式松饼的嚼劲十足、比利时松饼的发酵及不发酵等特性而带来的口味不同的变化，选用健康的食材，如豆浆、全麦、酸奶、燕麦、芝麻、杂粮、蓝莓、坚果等，更添加蔬菜和水果作为配料，呈现出色、香、味俱全的完美组合。将这些不同口味的松饼安排在早餐、午餐、晚餐、下午茶和派对等不同的时间享用，和亲朋好友共同分享手作松饼的美好食光吧！

高秀华

体验手作乐趣，做出与众不同的松饼餐

"哇！太好吃了！"当你品尝自己刚烘焙好的点心时有这种满足的感觉吗？当你在朋友面前展现手艺时，那种成就感无法比拟；当你和孩子一起做点心，享受亲子间的亲密时光，或者参加家庭聚会，带着自己的杰作制造出更多话题与谈话的乐趣时，那种幸福满满的感受，是不是很享受？但有时兴致勃勃地想要大显身手时，却因为不清楚如何拿捏材料的比例，而无法成功做出美食，而且还要做一些计量称重等烦琐工作，不但会把厨房弄得乱七八糟，而且成果远不如预期，真的非常扫兴！

本书教你如何应用松饼粉，轻松愉快地做出你想要的美食，不但花样多且味道美，更重要的是材料简单又健康！仅仅一包松饼粉，只需要再额外添加几样材料或是调整一下操作方式，就能快速做出格状松饼、圆形松饼、薄饼等各式松饼美食，轻松施展你的技巧，等待美食出炉了。

松饼可以在早餐、午餐、下午茶、晚餐等不同的时间享用，书中的编排方式依其用途加以分类，有当下流行且适合早餐食用的；有配合茶、咖啡等下午茶时间享用的；还有宴会、聚会或晚餐食用的食谱。烘焙是一件快乐的事，就像一种奇幻的魔术，每个人都能成为烘焙魔法师，利用松饼粉创造属于自己的特色点心，不但愉悦自己，更能与大家分享欢乐。

目录
Contents

【食谱图示说明】

 / 烤焙（煎烤）温度

⏱ / 烤焙（煎烤）时间

⚖ / 可制作的量

Part 1
Breakfast 活力早餐

Part 2

Brunch 慵懒的早午餐

Part 3

Afternoon tea 下午茶时光

Part 4

Lunch and dinner
健康的午晚餐

Part 5

Party gathering 欢乐派对

制作松饼前的准备

松饼机

种类：一般分为专业型和家用式，前者多具有旋转、翻面的功能，价格较高但较耐用，以上下双面烤焙出的松饼口感更均匀。品牌可自行选择，依用途选购不同形状的、不同薄厚的或其他机型，都能做出好吃的松饼。

形状：各式造型如动物形、方形、圆形、长形、心形等，还有厚片与薄片之分。

薄饼机

常用于制作冰激凌甜筒，可依喜好随意塑形，如甜筒、碗形、波浪形等，可搭配冰激凌或作为容器盛装生菜沙拉使用，另外也可以用来制作薄煎饼，是一台多功能的机器。

平底锅

使用前洗净擦干，喷上薄薄一层烤盘油后即可使用。

搅拌机及搅拌器

市面上有3种规格的小型台式搅拌机：

1. 功率150W，手提式，仅有简单拌匀的功能，如打蛋或少量的面糊。
2. 功率250W、容量6升，用于面糊类的搅拌，不适合打面团。速度1～7段可选，使用时依需要调整。
3. 功率750W、容量6.7升，用于搅拌面糊和面团。速度1～7段可选，使用时依需要调整。

搅拌器分3种形状：

1. 桨状：用于搅拌面糊，如小西点等。
2. 钢丝球状：用于需打入大量空气的材料，如蛋白霜、海绵蛋糕类等。
3. 钩状：用于打少量的面团，如面包类。

刮刀

硅胶材质，耐热、弹性好，在拌和时使用，能将粘在不锈钢盆里的面糊刮干净，是将面糊倒入模具内的好帮手。

刮板

与刮刀具有相同的用途，大部分是在面糊量多时使用，抹平面糊表面，使烤焙出来的食物平整美观，或切取面团时使用。

裱花袋

有帆布、塑料材质的，或用防粘的烤盘纸折成的裱花袋。不同样式的花嘴可将打发好的鲜奶油挤出不同花形，可用于把面糊挤入较小的模具内。

帆布

通常作为面团整形、发酵专用，可依制作需求选择不同的薄厚、形状。

不锈钢盆

有各式大小的尺寸，可用来盛装材料，或作为混合搅拌的容器用，也可使用玻璃材质的。

打蛋器

搅拌打发或拌匀材料时使用，最常用的有瓜形（直形）、螺旋形及电动打蛋器。瓜形打蛋器用途最广，可打蛋、拌匀材料及打发黄油、鲜奶油等，钢圈数愈多愈易打发；螺旋形打蛋器则适合打蛋及鲜奶油；电动打蛋器最为省时省力。

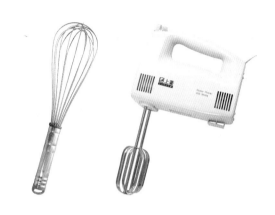

电子秤

用来准确称量所需材料的重量，使用时要注意它的单位，有克（g）及千克（kg）两种单位，同时要注意归零。

量杯

用来称量材料的容量，也可以当作用来盛放液体的容器。

筛网

用来过筛粉状及液状材料的器具，可滤除硬块或杂质，网状洞粗细的大小，我们称之为目数，目数愈高代表愈细，常见是 10 ～ 100 目。

擀面棍

用于整形、擀平面团，有木制及塑胶材质的，也有粗、细之分。较大的面包、面团就可使用较粗的。

冰激凌挖球器

可利用不同尺寸的冰激凌挖球器挖取较湿软的面糊，不但不粘手，而且可以达到平均定量的目的。

凉架

将出炉成品放置在通风的凉架上，避免蛋糕、面包、点心出炉时水汽残留在上面，特别是戚风蛋糕出炉时，需将蛋糕及模具整个倒置放凉，防止蛋糕收缩。

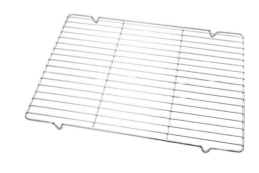

热狗机

可用来制作热狗棒，操作简单方便。

马芬蛋糕杯

制作马芬蛋糕时的容器，可直接放进烤箱烤焙。

凤梨酥模

制作凤梨酥用，将面团放入模具内整形压平，直接放进烤箱烤焙，冷却后脱模即可。

布丁塔模

制作布丁塔用，将面团放入塔模整形，整形后在面团底部用叉子刺几排小洞后放入烤箱，烤焙完成后脱模即可。

基本材料介绍

粉类

松饼粉（美式、日式、比利时）

用松饼粉做出的松饼香醇浓郁，口感酥脆，可淋上蜂蜜、果酱或夹馅食用。美式松饼的材料为面粉、白砂糖、牛奶、鸡蛋、泡打粉及黄油，将所有材料搅拌成面糊后制作。基本上现在制作美式松饼，多用松饼粉加牛奶（或水）和鸡蛋搅拌均匀，再倒入松饼机内即可；比利时松饼成分与美式松饼相似，但含油脂量较高，口感扎实，分发酵和不发酵两种；日式松饼制作方法与美式松饼相同，但材料不完全一样，它的口感较有弹劲，有淡淡的糯米香气。

面粉

由小麦磨制的粉末，在烘焙上分为以下几种。

全麦：由整颗麦子去壳后磨制而成，含有丰富的维生素 E 及 B 族维生素，营养成分较高。

高筋：蛋白质含量在 12% 左右，会因产地不同有所变化，用于制作面包。

中筋：蛋白质含量介于高筋与低筋之间，用于中式面食、西式点心等的制作。

低筋：蛋白质含量约为 7% ~ 9%，通常用于制作蛋糕及饼干类。

麸皮：小麦最外层的表皮，膳食纤维相当高，可降低体内胆固醇，做面粉时多半被磨掉。

可可粉

按其含脂量的比例分为高、中、低脂可可粉，按加工方法不同分为天然可可粉和碱化可可粉，可视制作成品的不同需求而选用。

椰子粉

椰子粉营养丰富，椰香浓郁、纯正可口，营养价值高，在烘焙制作中添加可增加香气，也可当装饰用。

抹茶粉

由茶叶磨碎而成，可撒在产品表面做装饰，亦可加入配方中，能增加成品的翠绿色泽，只要少量即可透出青翠的茶色并伴有淡淡的茶香。

肉桂粉

是由肉桂或大叶清化桂的干皮和枝皮制成的粉末，气味芳香，多用于面包、蛋糕及其他烘焙产品。

干酵母

天然、食用级发酵剂，发酵力强，揉面时加入面粉中一起揉，5分钟内即可融入面团中，或将酵母放入35～40℃的水中溶解后使用，可得到最理想的效果，是面团发酵的必备材料。

蛋白霜粉

蛋白经搅拌器高速打发即可成蛋白霜，可做牛轧糖、夹心材料等。但蛋白霜放置一段时间后会消泡出水，且不能重复打发，现在大家多使用已配好的蛋白霜粉，不但可克服此缺点，且容易保存，健康卫生。

油脂／奶制品类

黄油

它是从牛奶中提炼出来的油脂，因含牛奶，故必须低温保存，在冷藏状态下是比较坚硬的固体，又分为加盐及不加盐两种。味道香浓，常温下呈浓稠状。

黄油

天然无水奶油

不含水，油脂纯度99.9%以上，由新鲜牛奶萃取而得，有清香的奶油味。呈黄色，熔点在28～30℃之间，可常温保存。

天然无水奶油

鲜奶油

分动物性及植物性，有粉状及液态之分，动物性较香、厚实，植物性较清爽但香气较不足，两者可互相搭配，用搅拌器搅打鲜奶油时打到硬式发泡即可。

牛奶

分为不同的等级，目前最普遍的是全脂、高钙低脂及脱脂牛奶。美国将牛奶按照脂肪含量分为5类，分别是接近无脂、半低脂、低脂、减脂与全脂。

烤盘油

用不饱和脂肪酸、天然植物芥花油脂萃取，不含化学色素香料，可喷洒于料理表面增加光泽度及可口度。微细喷头可使少量油脂均匀分布于烤盘，且能防粘，使用方便。

橄榄油

被誉为地中海的黄金油，分为不同等级，有特级初榨橄榄油、优质初榨橄榄油、普通初榨橄榄油、低级初榨橄榄油、精炼橄榄杂质油。

枫糖浆

主产于加拿大，是由糖枫树树汁熬制而成，浆香甜如蜜，风味独特，富含矿物质、有机酸，糖分含量为66%，蜂蜜糖分含量为79%～81%，砂糖糖分含量为99.4%，吃松饼时可蘸食或直接淋上食用。通常可以无限期地存放在储藏柜或是冰箱里。若冷藏的枫糖浆混浊或结晶，此时只要开盖隔水加热至结晶溶化即可（绝对不能把盖子盖上加热）。

转化糖浆

砂糖经加水和加酸煮至一定的时间，在合适的温度冷却后即成。可长时间保存而不结晶，多数用在中式月饼皮内、萨其马和各种代替砂糖的产品中。转化糖浆中含有丰富的糖，是蛋糕必不可少的原料。

巧克力类

巧克力

耐烤巧克力：呈水滴形状的巧克力豆，一般均可适用于烘焙用的材料中。当巧克力豆和面团包裹在一起时，其受热熔化并在一定的空间中定型，进而增添食物的口味。

调温巧克力：呈块状，分为不同的等级及口味，有原味、牛奶味、苦味、甜味等，依需求选择。使用时须先将块状巧克力切成碎片，隔水加热熔化，水温介于45～50℃之间即可。操作时切忌将水混入，以免影响品质。

三色巧克力装饰片

用原味巧克力或白色巧克力调上不同颜色所做成的薄碎片，适合装饰在蛋糕或甜点上，增加成品美观，使用上很方便。

果酱

长时间保存水果的一种方法，将不同的水果分别加糖及酸度调节剂，以超过 100℃ 高温熬制而成的凝胶物质，主要用来涂抹于面包或吐司上，或作为饼干、派、塔的馅料。

新鲜蔬果

蔬果是居民膳食中食物构成的主要组成部分，它们富含人体所必需的维生素、无机盐和膳食纤维，含蛋白质和脂肪很少。因为蔬果中含有各种有机酸、芳香物质和红、绿、黄、蓝、紫等色素成分，人们可以烹调出口味各异、花样繁多的佳肴。

水果干

水果多半可制成水果干，可长时间存放，作为装饰用或零食，加水还原可加入面包、蛋糕、点心等增加风味及色泽。

坚果类

坚果为天然食物，含有丰富的好油（不饱和脂肪酸），对人体有相当大的好处，西点上使用除增加营养外，还可增加口感及风味，同时增加成品的多变性及装饰性。

白芝麻

营养成分为脂肪、蛋白质、糖类，含有丰富的膳食纤维、B 族维生素、维生素 E 与镁、钾、锌等多种矿物质元素。

制作松饼的最佳配角

基本材料

冷开水 20mL、蛋白糖霜粉（蛋清粉）100g

制作方法

1. 将冷开水和蛋白糖霜粉（蛋清粉）混合搅拌。

2. 快速打发 3 ~ 4 分钟，搅拌至表面光滑。

基本材料

卡士达粉（吉士粉）25g、牛奶（或冷开水）75mL

（依品牌不同，比例有些许差异）

制作方法

将卡士达粉（吉士粉）加牛奶拌匀即可。

布丁

香浓的鸡蛋布丁，细腻可口，营养丰富，制作简单方便，是饭后甜品的最佳选择。

基本材料

水 280mL、鸡蛋 30g、牛奶 15mL
白砂糖 60g、布丁粉（高倍数）20g

制作方法

1. 将水、鸡蛋、牛奶及白砂糖拌匀，
加热至 40℃。

2. 加入布丁粉拌匀后，煮至沸腾。

Tips　**煮好后用滤网将布丁液过滤，冷却后的布丁表面较为平滑美观。**

牛轧糖

香甜不腻口，软绵香醇，适合搭配松饼或当作茶点品尝。

基本材料

麦芽糖浆 900g、白砂糖 250g、盐 13g
水 90mL、蛋白糖霜粉 90g、无水奶油 70g
无盐黄油 70g、奶粉 225g

制作方法

1. 将麦芽糖浆、白砂糖及盐倒入锅中
煮沸至约 150℃（夏天 150℃，冬天
145℃）。

2. 将蛋白糖霜粉和水以球状搅拌器快
速打发 7 ~ 10 分钟至硬性发泡。

3. 将方法 1 倒入方法 2 中快速搅打。

4. 加入以微波炉稍作加热后的无水奶
油及无盐黄油拌匀。

5. 拌入奶粉后待冷却，搅拌成固态后
即可倒出整形分割。

巧克力酱

滋味香醇甜蜜，用来装饰松饼或冰激凌，好看又好吃。

基本材料

巧克力

制作方法

· 双层盆制作方法

把巧克力切成大小相近的小块置于不锈钢盆内，放进未滚的热水中，隔水加热并不时搅拌直到巧克力熔化。

· 微波炉制作方法

1. 将巧克力切成小块，放在可微波加热的容器内，并覆盖一层保鲜膜。

2. 微波炉转至中火1分钟，再持续加热至熔化（每30秒确认一次），用汤匙搅拌至完全熔化。

Tips　隔水加热是为了避免让水或水蒸气跑进巧克力里，一滴水就足以让巧克力变硬又凹凸不平，补救方法可加一点固态的无盐黄油。另外白巧克力不是真正的巧克力，它是以可可脂、奶油、奶粉、糖等原料调和而成。

松饼制作及保存小贴士

使用前　开始启用松饼机或平底锅前，先喷上薄薄一层的烤盘油。喷雾式的烤盘油使用起来快速且干净，它能平均且微量地覆盖在烤盘的表面，效果较好。

预热　开始制作时要先预热至 180 ～ 200℃，温度不够，松饼无法烤成金黄色，体积也会较小。家用式通常插电就会直接预热，温度可到 180℃左右；专业型则另有开关或温度控制加以调整。

过程　每台机器的材质和用途不同，格子深浅也有差异，家用式多半在表面涂上一层防粘涂料，喷上烤盘油即可使用。专业型为铝合金制造，较耐用，上油的量要多一点。如果制作时发现上下分离，请重新喷一点烤盘油，或稍微降温。

冷却　松饼出炉后需放在通风的网架上，以免底部因热气蒸发而湿黏，为确保品质，最好能即食，或冷却密封维持湿度。

保存　若非当日食用，待松饼完全冷却后，单片用塑料袋或铝箔袋封好，放入冰箱冷冻室保存，包装完整甚至可保存整个月，食用前先解冻。

再烘烤　冷冻后可再烘烤，或放入烤面包机内烤焙，烘烤时间依松饼薄厚而定，大约与烤吐司的时间差不多。

保养　家用式松饼机使用后可用刷子清理，不可用尖锐的器具去挖或清理盘面，专业型则需以湿抹布擦拭干净以备下次使用，使用次数多时，视情况再喷一些油，请参照说明书。有残余物时，可先在松饼机内倒水加热，以便清洁。

松饼机清洁保养步骤

1 / 倒水至八九分满

2 / 加热后打开

3 / 把抹布铺在松饼机上，合盖再度加热

4 / 用刷子清洁

5 / 喷上烤盘油，加热约 5 分钟

Breakfast

活力早餐

晨光乍现
让思绪在脑海里加速前进
带着笑容迎接美好的一天吧

Part 1

充满活力的一天，从营养美味的早餐开始

丁零零……！叫早的闹钟响起，你是如何开始美好的一天呢？

作为职业女性，每个早晨都必须和时间赛跑。记得有一次我起床后便开始忙碌地张罗一家大小的早餐，正在沾沾自喜自己能完美地掌控时间，上班、上学都不会迟到时，我发现女儿一脸疑惑地盯着我，直到出发前，女儿终于忍不住说："妈妈，你还穿着睡衣呢，你不是要去上班吗？"搞得我真是哭笑不得。

如何能更有效率地为家人和自己准备好一天的开始，除了做好时间规划，最重要的是早餐的营养不能少。于是我开始在前一天预先制作好松饼糊放入冰箱，早上做松饼时，只需要加入各式水果或坚果，美味又快速，小孩也喜欢吃，让家人每天都能享受一顿丰盛的早餐，充满活力地迎接每一天。有什么比这更美好呢？

太阳比利时松饼

你就像太阳般温暖照耀，并赐予我们一个明媚的早晨。

180℃
3 ~ 5分钟
1 人份

材料

比利时松饼粉 100g、牛奶 60mL、无盐黄油 25g

火腿数片（切丁儿）、生菜适量、蛋黄沙拉酱适量

鸡蛋 20g、综合坚果 10g、荷包蛋 1 个

做法

1. 松饼机以 180℃ 预热。
2. 比利时松饼粉、牛奶、无盐黄油、鸡蛋及综合坚果倒入不锈钢盆中搅拌均匀。
3. 取适量面糊于先预热好的松饼机中（面糊量以松饼机为准），烤焙 3 ~ 5 分钟。
4. 取出烤好的松饼，摆上荷包蛋、火腿丁儿以及生菜。
5. 最后依喜好淋上少许蛋黄沙拉酱即可享用。

   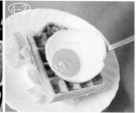

Tips　本书做法中有的步骤较简单故无配图，有的步骤较复杂故配了 2 ~ 3 张图，配图中的序号与做法中的序号是对应的。

燕麦松饼

营养丰富的燕麦和蔬果，成为一天的活力来源。

180℃
3 ~ 5分钟
1 人份

材料

巧克力松饼粉 90g、即食燕麦片 10g

牛奶 50mL、鸡蛋 50g、即食燕麦片（装饰）5g

生菜适量、番茄数片、苹果数片

做法

1. 松饼机先以 180℃预热。
2. 巧克力松饼粉、即食燕麦片、牛奶及鸡蛋液倒入不锈钢盆中搅拌均匀。
3. 取适量面糊倒于松饼机中（面糊量视松饼机而定）。
4. 于面糊表面铺上即食燕麦片，烤焙 3 ~ 5分钟。
5. 取出完成的松饼，搭配生菜及番茄、苹果数片即可食用。

Tips　燕麦可以为面糊增加嚼劲，煮出来呈黏稠状，燕麦含有 β-葡聚糖，它有降血脂、降血糖、高饱腹的效果，同量的燕麦煮出来越黏稠，则保健效果越好。

汉堡三明治

180℃
3 ~ 5分钟
1人份

和孩子一起做汉堡，在松饼上铺排番茄、培根、生菜、
乳酪、荷包蛋和满满的爱，是最快乐的早餐时光。

材料

原味松饼粉 100g、牛奶 50mL、鸡蛋 50g、荷包蛋 1 个
番茄 1 片、生菜适量、培根 1 片、乳酪 1 片

做法

1. 松饼机先以 180℃预热。
2. 将原味松饼粉、牛奶及鸡蛋液倒入不锈钢盆中搅拌均匀。
3. 倒适量面糊于预热好的松饼机中，烤焙 3 ~ 5 分钟。
4. 取一片烤好的松饼和生菜当作底，依序放上番茄切片、培根、荷包蛋及乳酪片，再
   将一片松饼盖上即可享用。

水果松饼

吃一口松软的松饼，再吃一口沾满鲜奶油的水果，把
美好滋味通通收进肚子里。

180℃
3 ~ 5分钟
1 人份

材料

美式松饼粉 100g、鸡蛋 50g、牛奶（或水）50mL
鲜奶油适量、新鲜水果适量

做法

1. 松饼机以 180℃预热。
2. 将美式松饼粉、鸡蛋、牛奶（或水）倒入不锈钢盆中混合成面糊。
3. 倒入已预热的松饼机，烤焙 3 ~ 5 分钟。
4. 取出已完成的松饼，放置盘上，在近中心处挤上鲜奶油，依个人喜好摆放水果。

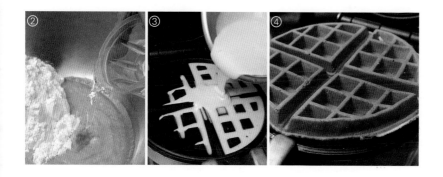

Tips　　在美国，松饼的做法分为两种：一种是以两片炽热且具有凹凸金属格纹的金属板夹住烘制而成
的，称为格子松饼、华夫饼（waffle）；另一种是直接将面糊倒入平底锅煎熟即可，形状小而
圆的俗称铜锣烧，大而薄的则称为薄饼（pancake 或 hotcake）。

千层松饼

层层堆叠出的朴实幸福，淋上奶油和枫糖浆，
美好的一天开始了。

🍞 材料

美式松饼粉200g、鸡蛋100g、水（或牛奶）60mL
奶油适量、枫糖浆适量

🍲 做法

1. 将美式松饼粉、鸡蛋、水（或牛奶）倒入不锈钢盆中混合成面糊。

2. 取一匙面糊倒入平底锅呈圆形，以小火煎烤，待底层均匀上色后翻面煎熟，重复此
   做法直至面糊用完。

3. 煎好的松饼一层一层叠于平盘上。

4. 取适量奶油置于松饼最上层，并淋上枫糖浆。

Tips   枫糖浆也可用蜂蜜代替。

酸奶松饼

酸奶的酸甜搭配水果的新鲜组成绝妙的滋味，一切刚刚好的感觉。

180℃
3 ~ 5分钟
1人份

材料

原味松饼粉 100g、原味酸奶 10g、优酪乳 60g、鸡蛋 50g
生菜、水果依个人喜好、酸奶（淋酱）适量

做法

1. 松饼机以 180℃预热。
2. 原味松饼粉、原味酸奶、优酪乳及鸡蛋倒入不锈钢盆中搅拌均匀。
3. 倒适量面糊于松饼机中，烤焙 3 ~ 5 分钟。
4. 烤好后取出，淋上酸奶（淋酱），依个人喜好搭配生菜及水果食用。

Tips　酸奶含丰富的蛋白质和多种维生素，如维生素 B_6、维生素 B_{12} 等，比牛奶的营养价值高，患乳糖不耐症的人可用酸奶代替牛奶饮用。

蓝莓松饼

180℃
3 ～ 5分钟
1人份

清新可口的蓝莓，撒上雪白的糖粉和鲜奶油，
只需品尝一口就会掉进甜蜜的旋涡。

材料

原味松饼粉 100g、牛奶 10mL、鸡蛋 50g

糖渍蓝莓（含水）50g、新鲜蓝莓（装饰）数颗

鲜奶油适量、糖粉适量

做法

1. 松饼机先以 180℃预热。
2. 将原味松饼粉、牛奶、糖渍蓝莓及鸡蛋倒入不锈钢盆中搅拌均匀。
3. 取适量面糊倒于松饼机中，烤焙 3 ～ 5 分钟。
4. 烤好的松饼置于盘上，挤适量鲜奶油，摆上几颗新鲜蓝莓，并撒上糖粉做装饰。

松饼三明治

📟 180℃
⏱ 3 ～ 5分钟
🍽 1 ～ 2人份

将美味又便利的松饼三明治带在上班的路上，随时补充能量吧。

🍞 **材料**

A 原味松饼粉（或巧克力松饼粉）100g、牛奶 50mL、鸡蛋 50g

B 巧克力卡士达酱（可用巧克力酱代替）40g、覆盆子果酱（或蓝莓果酱、曼越莓果酱）40g、原味卡士达酱 40g

C 过筛抹茶粉 2g、蜜红豆粒 10g

🍳 **夹馅备制**

原味卡士达酱

原味卡士达粉（吉士粉）10g 加入冷开水 30g，搅拌均匀。

巧克力卡士达酱

巧克力卡士达粉（吉士粉）10g 加入冷开水 40g，搅拌均匀。

😋 **夹馅搭配**

原味松饼／巧克力卡士达酱

巧克力松饼／覆盆子果酱

抹茶红豆松饼／原味卡士达酱

🍲 **做法**

1. 松饼机先以 180℃预热。

2. 将材料 A 倒入不锈钢盆中，搅拌均匀成面糊。
   （若要制作抹茶红豆松饼，可在此加入材料 C）

3. 取适量面糊倒入方形松饼机中，烤焙 3 ～ 5分钟。

4. 将完成的松饼对半切，分别抹上材料 B 的夹馅，制成不同口味的三明治。

松饼好朋友
果酱的美味搭配

吃松饼时最适合搭配果酱了，以各种富含营养价值的水果熬煮出的香浓果酱，不论哪一种口味都超好吃！

特色果酱简单做

肉桂苹果果酱

将苹果切小丁儿，和白砂糖一起熬煮，可以用柠檬汁提味（喜欢酸口味的可多加），关火前视个人喜好酌量加入肉桂粉。

---- 健康小知识 ----

肉桂具有祛风健胃、活血祛瘀的功效，不仅能降低体内的胆固醇，还可以促进肠道蠕动。

凤梨柠果果酱

凤梨和柠果的比例约为 2 : 1，将凤梨和柠果切小块与白砂糖和柠檬汁混合后先冷藏一晚；隔日用大火煮开，以小火持续煎煮并不时搅拌。

—— 健康小知识 ——

柠果的果肉含有丰富的维生素 A、维生素 C、蛋白质、脂肪、糖类等；凤梨则富含维生素 C、胡萝卜素、硫胺素等维生素，还含有易被人体吸收的钙、铁、镁等微量元素，有美白、消除疲劳等保健功效。

香蕉桑葚果酱

香蕉和桑葚的比例约为 3 : 2，将香蕉切丁儿后和柠檬汁混合，加入桑葚、白砂糖以大火煮开后，持续搅拌用小火煮至浓稠。

—— 健康小知识 ——

香蕉可促进肠胃蠕动、防癌、防治抑郁症，桑葚的维生素 C 含量高，可以滋补肝肾，对治疗失眠有帮助。

草莓奇异果果酱

草莓和奇异果的比例约为 3 : 2，可视个人口味调整，将草莓、奇异果切块与白砂糖混合冷藏浸泡一晚；隔日用大火煮开后，以小火继续搅拌煮至浓稠。

—— 健康小知识 ——

草莓和奇异果都含有丰富的维生素 C，奇异果中的钙还有改善失眠、促进肠胃蠕动等功效。

Brunch

慵懒的早午餐

最喜欢在星期天和你一起吃早午餐
慵懒地看着彼此
仿佛时间都静止了

Part 2

缓慢的步调，享受悠闲的早午餐时光

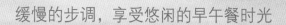

　　微光从窗外透进来，半梦半醒间我隐约听见屋外有声响，心想"今天睡过头了吗"，急忙起身却看见老公小心翼翼地端来刚煮好的咖啡，房间顿时充溢着咖啡的香气，唤醒了我的慵懒，原来今天是假日，美好的家庭日。

　　伴着早晨温暖的阳光，夫妻两人享受一起准备早餐的乐趣，能够用更多充裕的时间制作和装饰刚出炉的热气腾腾的松饼，不仅有美味，用心装饰后的餐点还让人的心情都跟着美丽起来，连赖床的孩子也难以抗拒松饼的香气，充满着期待起床了。与家人悠闲地品尝假日早餐，聊着生活中发生的趣事，咖啡香和松饼香环绕在我们身旁，生活是如此的美好！

咸味比利时松饼

□ 180℃
◎ 3 ~ 5分钟
⊞ 10 ~ 12个

小巧的比利时松饼，3 种口味吃出火腿芝士的咸香、
肉松与海苔的清香和橄榄的独特意式风味，适合当聚
会中的开胃点心。

🍞 材料（可做 3 种口味）

比利时松饼粉 300g、牛奶 180mL、无盐黄油 75g、鸡蛋 60g

火腿芝士／火腿丁儿 13g、芝士粉（乳酪粉）5g、牛奶 12mL、白胡椒粉 1g

海苔肉松／肉松 17g、海苔 2g、白芝麻 5g、芝士粉（乳酪粉）1g、牛奶 10mL

意式橄榄／黑橄榄丁儿 7g、绿橄榄丁儿 7g、意大利香料任选（迷迭香、牛至叶、百里香、
罗勒、欧芹等）1g、牛奶 3mL

🍲 做法

1. 松饼机先以 180℃预热，预热完成之后，喷上薄层烤盘油，并用刷子刷均匀。

2. 比利时松饼粉、牛奶、无盐黄油及鸡蛋倒入不锈钢盆内，搅拌均匀成面糊。

3. 面糊均分成 3 份，分别拌入 3 种咸料，以小勺挖取满满的一勺（约 20g）放到松饼
   机里。

4. 烤焙 3 ~ 5分钟后取出，并平放在不锈钢平网上待冷却即可食用。

Tips　做法 1 的油不要喷太多，否则会影响成品颜色。

薄饼卷

软软的薄饼包裹清脆的芦笋，再搭配酸奶番茄酱的清爽，一段只属于自己的悠闲时光。

小火
2 ~ 3分钟
1 ~ 2人份

材料

原味松饼粉 45g、高筋面粉 20g、盐 1g、无盐黄油 14g、鸡蛋 90g、牛奶 85mL
水 90ml、酸奶 100g、番茄丁儿 100g、芦笋数根、酸奶（淋酱）适量

做法

1. 牛奶和水混合，备用。
2. 原味松饼粉、高筋面粉及盐混合均匀后，再加入无盐黄油拌匀。
3. 将鸡蛋和做法 1 分次交叉加入做法 2 搅拌均匀成面糊。
4. 平底锅喷烤盘油，以小火预热后倒入面糊，左右摇晃平底锅使面糊均匀分布，将多余面糊倒出。
5. 小火煎至面糊底部呈金黄色后，倒扣于盘上，冷却备用。
6. 酸奶及番茄丁儿拌匀成酱，取一片薄饼，放入适量酸奶与番茄丁儿拌匀的酱及芦笋后卷起，最后再淋上少量酸奶（淋酱）。

Tips　做法 3 中，分次加入鸡蛋液及做法 1 的时间间隔不能太短，否则易产生粉粒结块，导致面糊不匀。

巧克力松饼

📟 180℃
⏱ 3 ~ 5分钟
⏲ 10个

缤纷的彩色糖球，可爱的数字造型，欢迎来到小女孩的国度，共享巧克力松饼的迷人滋味。

🍞 材料

巧克力松饼粉 100g、牛奶 50mL、鸡蛋 50g

彩色糖球（或巧克力豆）适量

🍲 做法

1. 数字松饼机以 180℃预热，备用。
2. 巧克力松饼粉、鸡蛋和牛奶倒入不锈钢盆内，混合成面糊。
3. 倒适量面糊于松饼机里，烤焙 3 ~ 5 分钟。
4. 将烤焙完成的松饼随意堆叠于盘上，以彩色糖球（或巧克力豆）装饰。

热狗棒

🍽 170℃
⏱ 3 ~ 4分钟
⚖ 2 ~ 3人份

大人、小孩都爱吃的热狗，也能成为松饼的最佳搭档，
不论蘸番茄酱还是黄芥末都是令人无法抵挡的美味。

🍞 材料

比利时松饼粉 100g、牛奶 60mL、鸡蛋 20g、热狗肠 2 ~ 3 根

🍲 做法

1. 热狗机以 170℃预热。热狗肠先插上竹签备用。
2. 比利时松饼粉、牛奶及鸡蛋搅拌均匀呈面糊状，放入裱花袋中。
3. 先挤入一层适量面糊于热狗机内，将热狗肠放置面糊中间轻压固定后，再挤上一层
   适量面糊。
4. 烘烤约 3 ~ 4 分钟，即可取出食用。

芝麻薄饼鸡块餐

🍳 小火
⏱ 2 ~ 3分钟
🍞 3片（直径约10cm）

香喷喷的芝麻薄饼，搭配鸡块、薯条及生菜，淋上酸甜的番茄酱，和孩子一起开心地吃顿早午餐吧。

🍞 材料

原味松饼粉100g、牛奶50mL、鸡蛋50g、白芝麻粒10g

炸好的鸡块数个、薯条数根、番茄酱适量

🍲 做法

1. 将原味松饼粉、白芝麻粒、鸡蛋和牛奶倒入不锈钢盆中，混合成面糊。

2. 分次取一匙面糊倒于平底锅中呈圆形，以小火煎烤，待底层均匀上色后翻面煎熟。

3. 把炸好的鸡块、薯条及煎好的松饼摆在盘上，并淋上适量的番茄酱。

Tips 可依喜好搭配番茄酱、果酱等孩子喜爱的酱料，让味觉更丰富。

香蕉巧克力骰子乐

180℃
3 ～ 5分钟
10个

巧克力和新鲜香蕉的绝配，加入爽口的番茄及苜蓿芽，
让骰子松饼不只造型特别也兼具好滋味。

材料

巧克力松饼粉 100g、牛奶 10mL、鸡蛋 50g、香蕉 50g
新鲜香蕉（切片）适量、番茄适量、苜蓿芽适量

做法

1. 骰子松饼机以 180℃预热，备用。
2. 牛奶和香蕉放入料理机，打成香蕉泥备用。
3. 不锈钢盆内倒入巧克力松饼粉、鸡蛋和做法 2 的香蕉泥，混合成面糊。
4. 倒适量面糊于松饼机里，烤焙 3 ～ 5 分钟即可开盖。
5. 将烤好的松饼随意堆叠，以新鲜香蕉片、番茄及苜蓿芽装饰。

馅饼

大口咬下，除了外皮上白芝麻的清香，内馅的滋味瞬间蹦跳出来，撞击着味蕾。

🍞 材料

比利时松饼粉 100g、牛奶 25mL、无盐黄油 10g、鸡蛋 17g

甜或咸馅 17g、蛋黄液少许、白芝麻粒少许

🍲 做法

1. 比利时松饼粉、牛奶、无盐黄油及鸡蛋搅拌均匀成团状。
2. 分割做法 1 的面团 50g／个，包入 17g 的馅料（口味依个人喜好）。
3. 做法 2 压成厚度约 1cm 的饼状，表面刷蛋黄液再蘸上白芝麻粒。
4. 以平底锅小火煎至两面呈现金黄色。

Tips 芝麻因颗粒很小不易清洗，使用前最好用水洗后烘干或是先烤焙经高温消毒后再使用。

墨式塔可饼

- 小火
- 2 ~ 3分钟
- 7 ~ 8片（约25g／片）

爽口香辣的墨西哥莎莎酱，铺在充满弹劲的塔可饼内，
在炎夏正午享用，既开胃又清爽。

材料

比利时松饼粉100g、高筋面粉 660、盐 2g、温水（约35℃）65mL
色拉油 20g、莎莎酱 25g、苜蓿芽及生菜适量、烤焙焗豆适量

莎莎酱

番茄 1 个（400g）、洋葱半个（100g）、蒜头七八瓣（35g）、香菜 2 ~ 3 棵（5g）
辣椒或干辣椒粉少量（1g）、盐一匙（5g）、白砂糖一匙半（20g）、柠檬一个（挤汁
15g）、橄榄油一匙半（15g）

做法

1. 莎莎酱制作：番茄、洋葱、蒜头切丁儿，香菜、辣椒切碎，将所有材料混合后加入
   少量盐、白砂糖，挤入柠檬汁，加入橄榄油，搅拌均匀即可。冷藏一天风味更佳。
2. 比利时松饼粉、高筋面粉及盐放入不锈钢盆里混合均匀，加入温水及色拉油搅拌成团状。
3. 用搅拌机快速搅打至面团表面呈现光滑状后，滚圆静置松弛约 1 小时。
4. 不粘平底锅以小火预热。分割面团25g／个，用擀面棍擀薄至直径约10cm 的圆薄片。
5. 将做法 4 的圆薄片放到平底锅上，小火煎至两面呈微焦色。
6. 起锅后，将薄饼半凹成型，冷却后备用。
7. 夹入苜宿芽、莎莎酱、生菜及烤焙焗豆。

Tips　塔可饼流行于墨西哥，饼皮分脆和软两种，脆的大多由玉米制成，且呈半开口状，可看到内馅。
做法是在薄面皮内放入肉块、洋葱、青菜、苜蓿芽等食材再加入一点酱料卷成长条形的卷饼。

比利时肉排堡

🔲 180℃
⏱ 3 ~ 5 分钟
⏳ 1 人份

比利时松饼夹上扎实的炸猪排、新鲜多汁的番茄和生菜，再搭配少许酸黄瓜及番茄酱，激荡出微微酸甜的好滋味。

🍞 材料

比利时松饼粉 100g、牛奶 60mL、无盐黄油 25g、鸡蛋 20g、炸猪排 1 块
生菜适量、番茄 1 片、酸黄瓜适量、番茄酱适量

🍲 做法

1. 松饼机先以 180℃预热，备用。
2. 比利时松饼粉、牛奶、无盐黄油及鸡蛋倒入不锈钢盆内搅拌均匀。
3. 做法 2 完成的面糊取适量于松饼机中，烤焙 3 ~ 5 分钟。
4. 在两层松饼中依序夹入生菜、番茄、炸猪排、酸黄瓜，蘸取适量番茄酱食用。

香气弥漫
咖啡好时光

每次走过咖啡馆时，总是被咖啡的香气吸引而忍不住停下脚步，多种口味的咖啡搭配松软的松饼，早午餐一起享用真是太幸福啦！

咖啡飨宴

黑咖啡

黑咖啡冲煮后不加牛奶和糖，只保留咖啡最纯粹的原味。

白咖啡

白咖啡是马来西亚特产，白咖啡甘醇芳香不伤肠胃，颜色比普通咖啡更清淡柔和，淡淡的奶金黄色，味道纯正，故名为白咖啡。

意大利浓缩咖啡

意大利浓缩咖啡是普通咖啡浓度的两倍，是当今最受欢迎的咖啡之一，有独特的浓郁香味。

拿铁

拿铁咖啡是意大利浓缩咖啡与牛奶的经典混合，拿铁咖啡中牛奶多而咖啡少，这与卡布奇诺有很大不同。

卡布奇诺

卡布奇诺咖啡是一种加入等量的意大利浓缩咖啡和蒸汽泡沫牛奶和混合的意大利咖啡。

美式咖啡

美式咖啡是最普通的咖啡。是使用滴滤式咖啡壶制作出的黑咖啡，又或者是意大利浓缩咖啡中加入大量的水制成，口味比较淡。

玛奇朵

玛奇朵咖啡是奶咖啡的一种，先将牛奶和香草糖浆混合后再加入奶沫，然后再倒入咖啡。焦糖玛奇朵是在奶沫上淋上网格状焦糖。

曼特宁咖啡

又称苏门答腊咖啡，风味浓郁，苦香醇厚，带一点微甜。

爱尔兰咖啡

爱尔兰咖啡是一款鸡尾酒，是以爱尔兰威士忌为基酒，配以咖啡为辅料，调制而成。

摩卡

摩卡咖啡由意大利浓缩咖啡、巧克力酱、鲜奶油和牛奶混合而成，是一种古老的咖啡。

Afternoon tea

下午茶时光

安静的午后
吃点甜食稍微舒缓累瘫的心情
然后一鼓作气结束今天的工作

Part 3

休息片刻，来点儿疗愈的午后茶点

　　结束上午忙碌的工作，午餐后总让人昏昏欲睡，此刻的街道特别安静，连空气都显得自在。悠然地享受与自己相处的时刻，或许放一张喜欢的 CD，吃着自己做的点心，喝一杯茶，入口的微甜，似乎有种疗愈的满足和充满沉淀后的力量。

　　据说正式的下午茶起源于英国，由于午餐和晚餐相隔的时间太长，中间人们会吃点东西充饥，又因在下午喝茶而取名为下午茶。早期英国以印度的大吉岭红茶、伯爵茶或锡兰高地红茶配上点心食用。正式的下午茶点心一般被设计成"三层架"的形式：第一层摆放各种口味的三明治，第二层是英国的传统点心司康饼，第三层则是小蛋糕和水果塔，顺序应从下往上吃。除了必不可少的三层点心，一些牛角面包、葡萄干、鱼子酱及果酱等也会被摆上来，松饼既可当点心，又可做主食，是下午茶的不二选择。

缤纷比利时松饼

180℃
3 ～ 5分钟
2 ～ 3个

比利时松饼分别蘸满 3 种颜色的巧克力，撒上蔓越莓干、坚果和新鲜水果等配料，激荡出缤纷多样的甜蜜口味。

材料

比利时松饼粉 100g、牛奶 60mL、无盐黄油 25g、鸡蛋 20g、黑色苦甜调温巧克力块 200g、白色牛奶调温巧克力块 200g、草莓调温巧克力块 200g、蔓越莓干适量、三色巧克力装饰片适量、综合坚果适量、新鲜水果适量

做法

1. 松饼机先以 180℃预热。喷上薄层烤盘油，并用刷子刷均匀。
2. 比利时松饼粉、牛奶、无盐黄油及鸡蛋倒入不锈钢盆内，拌匀成面糊，以大冰激凌勺挖取满满 1 球（约 100g）放进松饼机。
3. 烤焙 3 ～ 5 分钟后，取出，并平放在不锈钢平网上待冷却。
4. 取 3 种口味的调温巧克力块，分别隔水加热至熔化。
5. 将冷却的比利时松饼蘸取适量熔化的巧克力，置于平网，撒上蔓越莓干等配料。
6. 待巧克力凝固后，以对比颜色的熔化巧克力画线装饰。

Tips　做法 1 往松饼机上喷油时，勿喷太多，否则会影响成品颜色。

布丁塔

上 180℃，下 150℃
18 ～ 20 分钟
3 ～ 5 个

小巧可爱的布丁塔，上层焦糖的脆香及馅料的浓郁味
道弥漫在味蕾中，尽情享受今天的下午茶时光吧！

材料

日式松饼粉（过筛）50g、无水奶油 55g、蛋黄液 14g
高筋面粉（过筛）100g、鸡蛋 20g、布丁 馅适量

做法

1. 预热烤箱，上火 180℃、下火 150℃。
2. 无水奶油放入不锈钢盆内，用打蛋器打至松发，并分次加入蛋黄液拌匀。
3. 做法 1 加入过筛的高筋面粉、日式松饼粉及鸡蛋搅拌均匀成面团。
4. 将面团分割为 35g ／个，放入塔模里整形，并于底部用叉子刺几排小洞。
5. 放入烤箱烤约 18 ～ 20 分钟。
6. 填入适量的布丁馅（或果酱等其他馅料）。

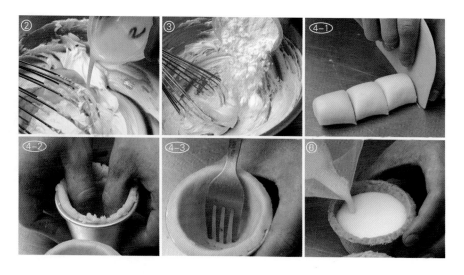

Tips 可在布丁馅表层撒上白砂糖，用喷枪炙烧，做成焦糖布丁塔。奶油布丁馅（卡士达酱）的传统
制作材料为牛奶、奶油、白砂糖、全蛋、玉米粉及低筋面粉，需经过筛、熬煮及冷却等过程，
因制作时容易焦黑失败，现在烘焙时多使用速溶吉士（卡士达）预拌粉制作。

司康饼

上 200℃，下 160℃

12 ~ 16 分钟

6块（视面团的量而定）

很受女生欢迎的英国传统点心司康饼，可在里面加入
葡萄干、坚果、乳酪等，增添入口的风味。

材料

比利时松饼粉 100g、无盐黄油 10g、牛奶 25mL、鸡蛋 20g
葡萄干少许、核桃少许、蛋黄液少许

做法

1. 烤箱以上火 200℃、下火 160℃预热。
2. 所有材料（蛋黄液除外）全部放到不锈钢盆里混合搅拌成团。
3. 成团后，静置松弛 30 分钟。
4. 将面团整形成长条状，用刀切块分割成三角形。
5. 表面刷上蛋黄液，铺于烤盘纸上。
6. 入烤箱烤 12 ~ 16 分钟。

Tips 司康饼可被归类为蛋糕也可以当作面包，最早英国将它作为下午茶点心，形状有圆形、方形和
三角形，可加葡萄干、乳酪、枣、坚果等。

三重奏

180℃
3 ～ 5分钟
1人份

巧克力松饼、鲜奶油和冰激凌组成了完美三重奏，冰激凌增添了湿润和丰富的口感，搭配鲜奶油和巧克力酱，呈现一场美丽的下午茶飨宴。

材料

巧克力松饼粉 100g、鸡蛋 50g、水（或牛奶）50mL
巧克力冰激凌 1 球、巧克力酱适量、鲜奶油或卡士达酱适量

做法

1. 松饼机先以 180℃预热。
2. 巧克力松饼粉、鸡蛋液、水（或牛奶）倒入不锈钢盆内混合成面糊状。
3. 将面糊倒入松饼机烤焙 3 ～ 5 分钟。
4. 取出烤好的松饼置于盘上，挖取冰激凌和鲜奶油（卡士达酱亦可）各1球放在松饼上，再淋上适量巧克力酱。

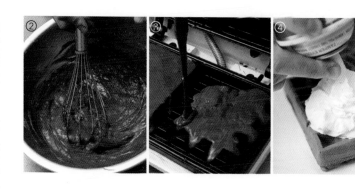

凤梨酥

上 220℃，下 180℃
15 ~ 18 分钟
18个

鸡蛋和凤梨馅的香气浓厚，在家就能轻松做出台湾著名的美味点心。

材料

日式松饼粉 300g、无水奶油 115g、鸡蛋液 60g、凤梨馅 475g

做法

1. 烤箱以上火 220℃、下火 180℃预热。
2. 无水奶油于不锈钢盆内打至浓稠呈微白色后，分次加入鸡蛋液混合均匀。
3. 做法 2 拌入日式松饼粉成团状。
4. 分割面团 25g／个，分别包入凤梨馅（25g）后，放进方形空心模内压平。
5. 烤焙约 10 ~ 12 分钟后底部着色，上下颠倒翻面继续烤 6 分钟即可出炉。
6. 待凤梨酥冷却后脱模，完成。

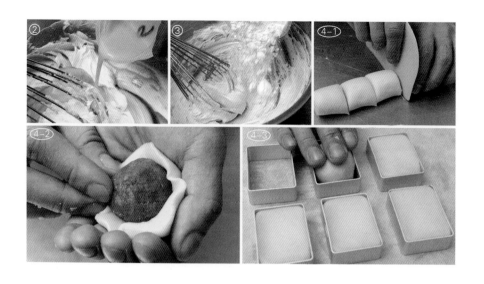

抹茶铜锣烧

小火
2 — 3分钟
2 — 3个

浓郁的抹茶饼皮，包裹住甜香的蛋白糖片，小巧精致
的抹茶铜锣烧让人想立刻咬一口。

材料

原味松饼粉 100g、抹茶粉（过筛）2g、牛奶 50mL、鸡蛋 50g、蛋白糖圆片适量

做法

1. 原味松饼粉、过筛的抹茶粉、鸡蛋和牛奶倒入不锈钢盆内混合成面糊。

2. 分次取 1 匙面糊倒入平底锅，使其自然扩散成圆形。

3. 以小火煎烤至底层均匀上色后翻面煎熟。

4. 饼皮冷却后夹入蛋白糖圆片即成。

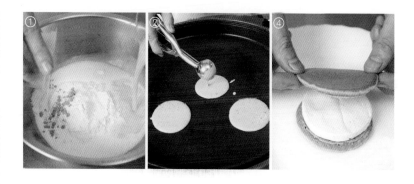

Tips　　蛋白糖（牛轧糖）做法请见第 12 页。

咸味马芬蛋糕

上170℃，下160℃

18 ～ 20分钟

3 ～ 4个

马芬蛋糕的蓬松柔软，搭配咸味的馅料，丰富了整体
的口感和味觉。

材料

美式松饼粉 120g、鸡蛋 55g、牛奶 28mL、盐 1g、橄榄油 25g

A 火腿丁 40g、胡萝卜碎丁 15g、洋葱粉（或新鲜洋葱丁）10g

黑胡椒 1g、橄榄油少许

做法

1. 材料 A 以少量的橄榄油炒软后，冷却备用。

2. 烤箱以上火 170℃、下火 160℃ 预热。

3. 用打蛋器把鸡蛋打散，加入牛奶和橄榄油混合均匀。

4. 做法 3 加入美式松饼粉拌匀至无粉粒状。

5. 再加入盐和做法 1 一起拌匀。

6. 将拌好的面糊倒入马芬蛋糕杯里约七分满，烘烤 18 ～ 20 分钟。

Tips　马芬蛋糕（又叫英式小松饼）主要是以泡打粉代替酵母来发酵，使制作时间缩短，偏向于点心
　　　类，可加入蓝莓、胡萝卜和葵花子、核桃、葡萄干等配料。

椰子酥饼

上 180℃，下 150℃
20 ～ 25 分钟
12 个

椰子粉完整地包裹住饼干，是喜爱椰子味的人绝不能
错过的点心。

材料

美式松饼粉 100g、鸡蛋 28g、无水奶油 57g

椰子粉 55g、椰子粉（蘸裹用）适量

做法

1. 烤箱以上火 180℃、下火 150℃预热。

2. 无水奶油于不锈钢盆内打发至体积膨松浓稠状呈白色。

3. 分次加入鸡蛋液混合均匀。

4. 再加入美式松饼粉、椰子粉拌匀成团状。

5. 分割面团 20g ／个，搓成圆球后蘸裹上椰子粉。

6. 烤焙 20 ～ 25 分钟。

美好生活
从饮茶开始

下午茶的好时光，除了好吃的点心，最适合搭配一杯红茶慢慢品尝，悠然自得地享受片刻的安宁。

下午茶推荐

印度大吉岭红茶

被誉为红茶中的香槟，茶汤呈金黄色，果香味浓郁，有麝香葡萄的风味。

锡兰乌巴红茶

又被称作黄金茶，带有玫瑰、薄荷的天然香气，独特而强烈的芳香优雅浓厚，茶汤呈明亮的红色，可做成奶茶饮用更厚实香甜。

阿萨姆红茶

属于浓茶类，茶汤呈深红褐色，散发浓郁芳香，入口回甘，香醇不涩，非常适合与鲜奶一起煮成奶茶。

祁门红茶

产于中国安徽省，具有酒香和果味的红茶，是红茶中的极品。

格雷伯爵茶

是以红茶为茶基，加入佛手柑等柑橘类香料而制成的一种具有特殊香气和口味的调味茶。

爱尔兰早餐茶

茶汤呈深红褐色，以阿萨姆红茶做基底，再加入非洲的肯亚红茶，水味浓郁，口感醇厚，正统的喝法会加入牛奶，并不限定只在早餐时饮用。

俄罗斯王子茶

以中国红茶作为基底，加入佛手柑、柠檬、葡萄柚、香草、肉桂、丁香等多种香料调配出华丽的香气，茶香浓郁，充满浓厚的异国风味。

如何冲出一壶好红茶？

基本茶具准备

圆形矮胖的陶瓷茶壶：保温传热性佳，也让茶叶有足够的伸展空间。
宽口窄底的茶杯，杯壁薄：可完美呈现茶汤的色泽，体会唇与手之间的绝佳触感。
量茶匙、滤茶勺。

冲泡方法

1. 将软水（矿物质含量少）煮开，以一次沸腾为限，在放入茶叶前，先以沸水温壶。

2. 使用刚沸腾的滚水冲泡，若是比较娇嫩、青绿的茶如大吉岭早春茶，可稍微降低水温后泡茶，基本冲泡时间为 3 分钟，视茶叶而定。

3. 在壶中倒入热水时，尽量不要从正中央冲入，让水柱稍微偏斜于壶口一侧，使茶叶在壶中旋转。

4. 倒茶前可先轻轻旋转摇晃壶身，以滤茶勺滤去茶叶。

5. 回冲时重复上述步骤，但浸泡时间稍微延长 1 ~ 1.5 分钟。

--- 红茶的好处 ---

可提神消疲，使思维变得更敏锐，不仅能抗衰老，还能预防感冒、去油腻、助消化，和绿茶同样具有抗癌功效。

Lunch and dinner

健康的午晚餐

经过白天与夜晚
体会亲手为一个人下厨的感觉
就是满心欢喜地看他全部吃光

Part 4

补充元气，轻食无负担的午晚餐

午餐吃不下，晚餐吃太多？尤其是炎热的夏日正午，常常看到午餐却觉得没胃口，又担心摄取过多的脂肪；或者累了一天回到家，已经没有力气准备晚餐，打包外食一不小心就会吃进太多油腻又重口味的食物，建议大家试着制作清爽的松饼餐点，偶尔为自己或心爱的家人准备一些快速简单的轻食，让身体回归轻盈自然。

其中最简单的食物非三明治莫属，除了准备各式各样当令的新鲜蔬果，想要增加蛋白质摄取时，再加些鸡蛋、火腿或轻油香煎肉片，为了让平凡无奇的三明治加入一些巧思和层次，更可以利用松饼让健康轻食变得美味又有趣，满足了味蕾却不增加身体负担！

意式佛卡夏

上 180℃，下 170℃
22 ～ 25分钟
4片

松软有弹劲的佛卡夏，加入牛至、罗勒及橄榄油，增添了意式风味，是一道清爽无负担的午晚餐美食。

材料

比利时松饼粉 440g、全麦面粉 55g、高筋面粉 150g

盐 10g、白砂糖 8g、酵母 6g、牛至 3g、罗勒 3g、水 300mL

橄榄油 50g、配料（依个人喜好）适量

做法

1. 烤箱以上火 180℃、下火 170℃预热。

2. 所有材料放至搅拌缸里，先以慢速混合约 3 分钟，再以快速搅打至面团表面呈现光滑状。

3. 滚圆进行基本发酵 50 分钟后，翻面继续发酵 30 分钟。

4. 将发酵后的面团再次滚圆整形，放至烤盘内定形。

5. 进行最后发酵约 50 分钟。

6. 烤焙 22 ～ 25 分钟即可取出，脱烤盘冷却后，搭配喜爱的配料。

杂粮松饼配熏鸡沙拉

🖥 180℃
⏱ 3 ~ 5分钟
🍞 1人份

熏鸡沙拉包含各式蔬果，搭配杂粮松饼可增加饱腹感，
也能使营养更均衡。

🍞 材料

原味松饼粉 100g、杂粮粉 10g、牛奶 60mL、鸡蛋 50g、生菜适量
熏鸡肉适量、苜蓿芽适量、紫洋葱适量、小番茄 3 ~ 5 颗

♨ 做法

1. 松饼机先以 180℃预热。
2. 将原味松饼粉、杂粮粉、牛奶及鸡蛋倒入不锈钢盆内，搅拌均匀成面糊。
3. 取适量面糊倒入松饼机，烤焙 3 ~ 5 分钟。
4. 将烤好的松饼分割，搭配生菜、熏鸡肉、苜蓿芽、紫洋葱及小番茄食用。

美味比萨

上 200℃，下 160℃
8 ~ 15 分钟
1 ~ 2 个

在比萨上放上自己喜爱的食材，在家就能做出大人小
孩都爱吃的美味比萨。

材料

比利时松饼粉 200g、酵母 4g、水 65mL、比萨丝 50g

番茄酱（或比萨酱）20g、洋葱 90g、冷冻综合三色蔬菜 50g

培根 30g、黑橄榄 20g、紫洋葱 30g

做法

1. 烤箱先以上火 200℃、下火 160℃预热。

2. 酵母以水溶解，倒入不锈钢盆中，再加入比利时松饼粉混合成团。

3. 进行基本发酵 45 ~ 60 分钟。

4. 分割面团 150g／个，整形后擀平成直径约 25 厘米的圆饼状，并用叉子戳洞，送入烤箱烤 8 ~ 12 分钟。

5. 将洋葱、紫洋葱切丝，培根切段，黑橄榄切片，冷冻综合三色蔬菜稍微氽烫后备用。

6. 待饼皮冷却后，于表面涂上一层番茄酱（或比萨酱），依序铺上洋葱丝、三色蔬菜、培根、黑橄榄及紫洋葱丝，最后撒上比萨丝，再烤焙至比萨丝熔化且稍微上色即可（约 5 分钟）。

Tips　若有多余的比萨皮，可将其放入袋子密封好之后，放置冰箱冷冻室保存，使用前稍作解冻即可。

花生面包

上火 200℃，下火 150℃
12 ～ 15 分钟
3个

面包的外观看起来油亮可口，里面包入香浓的花生酱，
很适合作为正餐的补充选择。

材料

花生酱适量、鸡蛋液适量

A 美式松饼粉（过筛）100g、高筋面粉（过筛）150g

　全脂奶粉（过筛）10g、盐 1g、酵母 0.5g、牛奶 110mL

B 花生酱 50g、无黄黄油 10g

做法

1. 烤箱以上火 200℃、下火 150℃预热。

2. 材料 A 放至搅拌缸内，先以慢速搅打 2 分钟后，再以快速搅打至出筋。

3. 加入材料 B 慢速搅打 5 分钟后，快速搅打至光滑均匀。

4. 将完成的面团滚圆，进行基本发酵 50 分钟。

5. 分割面团 150g／个，中间发酵 30 分钟。

6. 包入适量花生酱，搓成长条状擀平并划上几条斜线，卷起成圈状（也可轻轻打一平
   结），最后发酵 40 分钟。

7. 表面刷上鸡蛋液，烤焙 12 ～ 15 分钟。

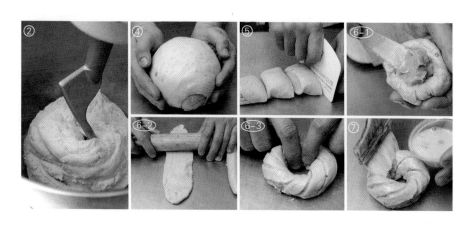

寿司卷

□ 小火
◎ 4 ~ 5分钟
🍞 1条

以松饼取代传统寿司中的米饭，卷入小黄瓜、热狗肠、
胡萝卜、蛋皮等食材，风味独特，口味新鲜。

🍞 材料

日式松饼粉100g、鸡蛋60g、水（或牛奶）50mL

A 小黄瓜（或绿竹笋）数条、胡萝卜段数条、蛋黄沙拉酱适量
  肉松适量、热狗肠适量、蛋皮适量、各色甜椒适量

寿司海苔片数片

🍞 做法

1. 日式松饼粉、鸡蛋、水（或牛奶）倒入不锈钢盆内搅拌均匀成松饼面糊。

2. 适量面糊倒入方形烤盘，用小火煎至底层均匀上色后翻面煎熟。

3. 取一片寿司海苔，均匀抹上薄薄一层蛋黄沙拉酱后，将松饼置于海苔上。

4. 松饼上再涂抹一层蛋黄沙拉酱，铺上材料A。

5. 使用烤盘纸（或制作寿司专用竹帘）将所有材料卷起压紧，取出后切片，即为松饼
   寿司卷。

豆浆松饼配生菜

🍞 180℃
⏱ 3 ~ 5分钟
🍽 1人份

清爽淡雅的豆浆风味松饼，搭配生菜、乳酪和葡萄干增添其口感及风味，是一道爽口的美味。

🍞 材料

原味松饼粉 100g、豆浆 60mL、鸡蛋 50g、黄豆粉 10g

乳酪丁 20g、葡萄干适量、生菜适量

🍲 做法

1. 松饼机先以 180℃预热。

2. 将原味松饼粉、豆浆、黄豆粉及鸡蛋于不锈钢盆内搅拌均匀。

3. 倒适量的面糊于松饼机中。

4. 烤焙 3 ~ 5 分钟。

5. 完成的松饼置于盘上，搭配生菜、乳酪丁及葡萄干食用。

黄金玉子烧

🔥 小火
⏱ 1 ~ 2分钟
🍳 2 ~ 3卷

日式料理新吃法，今天来道不一样的美味餐点吧！

🍞 材料

【松饼皮】日式松饼粉 50g、鸡蛋 100g、牛奶（或水）50mL

【蛋皮】无盐黄油 10g、牛奶 80mL、白砂糖 30g、低筋面粉 40g、鸡蛋 180g

【馅料】烟熏鲑鱼适量、煮熟意大利面 500g、三色豆适量
　　　　咖喱粉少许、蛋黄酱、调味料少许

🍲 做法

【松饼皮】

1. 日式松饼粉、鸡蛋、牛奶（或水）搅拌均匀成面糊状。

2. 平底锅喷烤盘油，以小火预热后倒入面糊，左右摇晃平底锅使面糊均匀分布。

3. 小火煎至底部呈金黄色，即完成，备用。

【蛋皮】

4. 无盐黄油、牛奶及白砂糖放进平底锅内，加热至无盐黄油及白砂糖熔解。

5. 鸡蛋、低筋面粉搅拌均匀后，加入做法 4 中拌匀。

6. 做法 5 倒入平底锅以小火煎至底部呈金黄色，成蛋皮备用。

【成品】

7. 取一片松饼皮抹上蛋黄酱，叠上一片蛋皮，再抹上一层蛋黄酱。

8. 将馅料的材料混合均匀，放在做法 7 上后卷起，即大功告成。

一碗浓汤
不只暖胃也暖心

吃咸点松饼时搭配热乎乎的浓汤一起享用，除了补足所需要的营养之外，既暖胃又暖心。

浓汤轻松做

鲜奶南瓜汤

南瓜和牛奶的比例约为 2 ：1，南瓜去皮去籽切块，微波高火 10 ～ 12 分钟（每次 4 分钟，取出翻拌一下再加热），加热完成后倒入牛奶搅碎，最后加入适量淡奶油打匀即可。

意大利田园蔬菜汤

锅中做橄榄油预热，将切好块的胡萝卜、洋葱、彩椒等蔬菜翻炒至洋葱透明软化，放入番茄块和水，并加入适量的盐、黑胡椒、罗勒、百里香调味，转小火煮约 15 ～ 20 分钟即可。

番茄罗宋汤

牛肉切丁，放入热油锅内大火爆香，加入切成小丁儿的胡萝卜、西芹、洋葱、番茄、大蒜炒匀，加适量黑胡椒粉、番茄酱、百里香、盐、月桂叶调味，倒入高汤以中火炖煮约 15 分钟即可。

法式玉米浓汤

先用热锅熔化奶油，再将洋葱末、马铃薯块放入锅内拌炒，加入牛奶煮至马铃薯软化，放入玉米粒、黑胡椒、罗勒和少许盐，用果汁机或搅拌机将汤打成糊状，再倒回锅中以小火继续煮至滚沸即可。

西式芦笋汤

以奶油炒香蒜茸和洋葱片，加入面粉 1 匙、煮芦笋的水、胡椒粉和盐适量，煮沸后滤渣，加入牛奶和鲜奶油持续搅拌，离火后放入氽烫过的切段芦笋并拌匀，撒上面包丁即可。

Party gathering

欢乐派对

和你们聊天嬉闹的相处时光
是我生活里最美好的事

Part 5

手作点心的魅力，凝聚家人朋友的聚会时光

你的聚会是什么样子呢？近来我迷上手工做的派对点心，因为不仅充满个人特色，食材天然新鲜，而且和好友分享创意食谱增添了很多乐趣！更棒的是在家还可以让孩子一起参与制作，加深了亲子间的亲密关系，用心感受和亲爱的家人、朋友相处的美好时光。现在孩子们知道要举办聚会时，兴奋地计划着要准备什么点心，看到各种天马行空的创意在孩子心中萌芽，我充满感动，手作让派对更有价值！

记得住在美国的那段时光，我常常找机会邀请朋友来家聚会，朋友们一人准备一道菜，互相品尝彼此的手艺，切磋讨教后，情感、友谊更深了。大型的聚会就要有计划地进行，需要朋友、孩子的帮忙，大家一起忙里忙外，这样的情景让人愉悦。生活就是要让生命更活泼有趣，不再单调无聊，还有更多的乐趣等着我们去发现呢！

生日蛋糕

在特别的日子，给特别的你，喜欢和你一起分享这甜蜜的滋味。

材料

A 巧克力松饼粉 100g、鸡蛋 50g、牛奶 50mL

B 比利时松饼粉 100g、牛奶 60mL、无盐黄油 25g、鸡蛋 20g

奶油糖霜或打发的鲜奶油、巧克力彩珠、新鲜水果适量（可依喜好选用不同的食材）

做法

1. 松饼机先以 180℃预热，完成后，喷上薄层烤盘油（油勿喷太多，否则会影响成品颜色），并用刷子刷均匀。
2. 基座制作：材料 A 搅拌均匀后，倒适量面糊于松饼机中，烤焙 4 ~ 5 分钟，放凉备用。
3. 主体制作：材料 B 搅拌均匀成面糊，以不同尺寸的冰激凌勺挖取满满一球，或以同一尺寸挖取大小不同量的面糊放到松饼机里。
4. 做法 3 烤焙 3 ~ 5 分钟后取出，平放在不锈钢平网上待冷却。
5. 组装：待做法 2 的巧克力松饼完全冷却后，作为基座，于中央挤上适量打发的鲜奶油（奶油糖霜亦可）。
6. 将大小不同的做法 4 由大至小依序往上叠，每一片松饼间皆挤上适量打发的鲜奶油，以利固定，最后再以打发的鲜奶油、巧克力彩珠和新鲜水果装饰。

千层蛋糕

绵软的千层蛋糕，搭配卡士达馅和鲜奶油增添湿润度，铺上新鲜的水果装饰，很适合当作派对甜点。

材料

A 原味：美式松饼粉 300g、鸡蛋 600g、牛奶（或水）300mL

　抹茶口味：原味松饼粉 300g、鸡蛋 600g、牛奶（或水）300mL、抹茶粉 3g

　巧克力口味：巧克力松饼粉 300g、鸡蛋 600g、牛奶（或水）300mL

B 卡士达馅 400g、鲜奶油 100g

C 新鲜水果适量

做法

1. 将材料 B 的鲜奶油打发后与卡士达馅混合均匀，成卡士达奶油馅备用。

2. 材料 A 依不同口味分别放入不同的不锈钢盆中搅拌均匀成面糊状。

3. 平底锅喷烤盘油，以小火预热后分次倒入做法 2 中不同口味的面糊，左右摇晃平底锅使面糊均匀分布后，将多余面糊倒出。

4. 小火煎至面糊底部呈金黄色后，倒扣于盘上。不同口味煎 18 片备用。

5. 做法 1 的卡士达奶油馅均匀抹于每一层薄饼上，并层层堆叠，完成后切块，并以新鲜水果装饰即可食用。

Tips　蛋糕中间可抹上不同口味的馅料，也可夹入水果薄片，做成水果千层蛋糕。

夹心饼干

脆饼中夹入香浓的牛轧糖夹心，　一口咬下是满满的幸福味道。

🍞 材料

比利时松饼粉 58g、乳化剂 1g、小苏打 0.1g、白砂糖 11g

盐 0.5g、鸡蛋 16g、无水奶油 6g、牛轧糖夹心适量

奶粉 1g、水 6mL

🍰 做法

1. 无水奶油、白砂糖、盐和乳化剂倒入搅拌缸中打发，分次加入鸡蛋液混合均匀。
2. 换成桨状搅拌器（避免面团出筋）将做法 1 拌入比利时松饼粉、小苏打及奶粉，最后加入水，拌匀成团。
3. 将面团分割为 5g/ 个。
4. 薄饼机以 180℃预热，放入面团煎烤，每片 30 秒 ~ 1 分钟。完成后放凉备用。
5. 取出事先完成的牛轧糖夹心，分割 5g／个夹进饼干中。

日式小馒头

圆润可爱的日式馒头包裹住凤梨馅，温润甜蜜的风味，升级诱惑勾馋头的小点心。

材料

美式松饼粉 225g、低筋面粉 56g、转化糖浆 19g
色拉油 8g、鸡蛋 28g、水 30mL、凤梨馅 240g

做法

1. 将美式松饼粉、低筋面粉、转化糖浆、鸡蛋及水倒入不锈钢盆内搅拌均匀，至表面具有光泽。

2. 做法 1 用保鲜膜包起后，放置冷藏松弛 30 分钟。

3. 面团分割 12g／个，分别包裹凤梨馅 8g。

4. 烤盘上抹少量色拉油，再摆放包好的小馒头，放入上火 180℃、下火 150℃的烤箱，烤焙 15 ～ 20 分钟。

  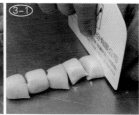 

布朗尼

浓郁的可可布朗尼，搭配撒上核桃的冰激凌，使口感更顺滑，形成地狱的好滋味。

🍞 材料

美式松饼粉 200g、可可粉 20g、小苏打粉 0.5g、无盐黄油 60g、牛奶 100mL
白砂糖 50g、鸡蛋 110g、核桃 60g、核桃（装饰）适量、冰激凌适量

🧁 做法

1. 牛奶、白砂糖及鸡蛋先混合均匀备用。烤箱预热，上火 180℃、下火 0℃。
2. 可可粉及小苏打粉、无盐黄油隔水加热并混合均匀后，倒入做法 1 混合好的牛奶拌匀。
3. 再加入美式松饼粉拌至无粉粒状后，拌入核桃。
4. 将面糊倒入铺有烤盘纸的烤盘上，表面撒适量核桃做装饰。
5. 烤 16 ～ 20 分钟后冷却，分割成适当大小，放上冰激凌即完成。

Tips　布朗尼和司康饼、马芬蛋糕同属于快速面包，主材料为巧克力或红糖，当添加水果类的材料时，面糊会变得较湿，烘焙时间就需加长。每台烤箱烤焙的性能及烤盘大小不同，都需做适当的调整。

南瓜蛋糕卷

营养丰富的南瓜，一入口浓郁的滋味瞬间奔放，是亲朋好友聚会时的最佳搭配。

材料

A 鸡蛋（蛋黄、蛋白分开）240g、白砂糖 30g

B 全脂奶粉 10g、美式松饼粉 80g

C 牛奶 20mL、南瓜泥 60g、橄榄油（或色拉油）15g

D 鲜奶油 100g、白砂糖 8g、南瓜泥 35g

做法

1. 烤箱以上火 170℃、下火 150℃预热。

2. 制作南瓜馅：材料 D 中的鲜奶油及白砂糖打至湿性发泡，拌入南瓜泥即成。

3. 材料 C 与材料 A 的蛋黄混合均匀，加入过筛后的材料 B 混合成蛋黄糊。

4. 取材料 A 中的蛋白和白砂糖打发至湿性发泡。

5. 先取 ⅓ 的做法 4 与做法 3 的蛋黄糊拌匀后，再加入剩下的 ⅔ 混合均匀成面糊。

6. 将面糊倒入铺有烤盘纸的平烤盘里，烤焙 15 ~ 18 分钟。

7. 出炉后脱模，待冷却再把烤盘纸撕下。

8. 把蛋糕放在烤盘纸上，着色面朝下，抹上一层南瓜馅，用长面棍卷起，待蛋糕卷固定后再将烤盘纸摊开切片。

Tips 南瓜中含有大量的锌，有益皮肤和指甲的健康；其含有的抗氧化剂 β–胡萝卜素具有护眼、护心的作用；吃南瓜可以帮助胃消化食物，保护胃黏膜。

杏仁薄片

脆口杏甜，口感丰富，适合亲聚会时的零嘴小点。

材料

美式松饼粉 100g、鸡蛋白 143g、糖粉（过筛）100g

无水奶油 90g、杏仁片 295g

做法

1. 烤箱以上火 175℃、下火 130℃预热。
2. 不锈钢盆内依次倒入鸡蛋白、美式松饼粉，用橡皮刮刀一点一点压平至无粉粒状（勿随意搅拌）。
3. 加入过筛糖粉，同样使用橡皮刮刀以压平的方式拌匀。
4. 分次加入无水奶油拌匀，呈面糊状。
5. 加入杏仁片，轻轻搅拌均匀，避免杏仁片破碎。
6. 做法 5 完成的面糊静置 2 小时（或放冷藏至隔夜），使面糊呈透明状。
7. 烤盘铺上烤盘纸，取适量面糊平铺于烤盘，用叉子慢慢拨平成圆形，尽量不要让杏仁片层叠排列。
8. 入烤箱 20 ~ 25 分钟。

Tips　因薄片表面上色较快，入烤箱前可用铝箔纸（亮面朝上）覆盖，避免焦黑。

意式脆饼

伯爵茶香和杏仁交织而成的意式风味，适合当作聚会时的小点心。

🍞 材料

美式松饼粉 200g、蛋黄 10g、蛋白 37g、杏仁片 30g、伯爵茶叶（或其他红茶代替）10g

🍞 做法

1. 伯爵茶叶及杏仁片稍微切碎，以 180℃烤 2 分钟放凉备用。
2. 烤箱预热上火 180℃、下火 150℃备用。
3. 将蛋黄和蛋白倒入不锈钢盆里，用打蛋器稍微打发（变得稍微呈现白色）。
4. 再加入松饼粉、做法 1 混合搅拌均匀，用塑胶刮板整理成面团状。
5. 面团放在烤盘上以刮板整形成 18 cm x 2.5 cm的长条形。
6. 长条面团放入烤箱，第一次烤焙 15 ～ 20 分钟，出炉后待凉至微温。
7. 做法 6 切成宽度约 1.5 cm的薄片，切口朝上，并排于烤盘后放入烤箱，再以同样温度烤至两面均有上色即可（约 10 ～ 12 分钟）。

布鲁塞尔松饼

口感扎实有弹劲，外酥内软的布鲁塞尔松饼搭配香浓的巧克力酱，就做一场异国派对让人着迷。

□ 1回
🕐 45分钟
□ 3人份

🍞 材料

比利时松饼粉 100g、高筋面粉 25g、鸡蛋 38g

牛奶 31mL、西点转化糖浆 25g、酵母 3g、乳化剂 3g

无盐黄油 23g、巧克力酱 10g

🍲 做法

1. 将所有材料（除无盐黄油和巧克力酱外）放入搅拌缸中，用电动打蛋器以慢速搅拌均匀，再调至快速打至出筋。
2. 加入无盐黄油慢速搅拌均匀，接着调至快速打至面团呈光滑状即可起缸滚圆，进行发酵 1 小时。
3. 分割成面团 60g／个。
4. 面团用手轻压整形成一长方形，放约 10g 的巧克力酱于面团前方，以刮板做辅助，将面团卷起后在接合处捏合。
5. 松饼机预热，烤焙约 3 ~ 5 分钟。

甜比萨

可依个人喜好铺上喜欢的食材和新鲜水果，刮甜滋味
适合当作亲友聚会的小点心。

材料

比利时松饼粉 200g、酵母 4g 、水 65mL、比萨丝 25g、蜂蜜 5g
香蕉 3 片、苹果丁 3 块、菠萝丁 10g、小番茄 1 颗

做法

1. 烤箱先以上火 200℃、下火 160℃预热。

2. 酵母以水溶解，加入比利时松饼粉混合成团。

3. 面团静置，进行基本发酵 45 ～ 60 分钟。

4. 分割面团 50g ／个，整形后擀平成直径约 10 ～ 12cm 的圆形饼皮。

5. 用叉子在饼皮上戳洞，入烤箱烤 8 ～ 12 分钟。

6. 待饼皮冷却后，先于表面涂上一层蜂蜜，再将香蕉片、苹果丁、菠萝丁、小番茄依
   序摆放其上，最后撒上比萨丝，烤至比萨丝熔化并稍微上色即可（约 5 分钟）。

 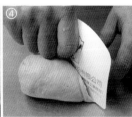  

Tips　　若有多余的比萨皮，可将其放入袋子密封好之后，放置冰箱冷冻室保存，使用前稍作解冻即可。

甜蜜滋味
冰激凌的缤纷世界

在热腾腾的松饼上，放一球冰激凌，甜蜜滋味
让人爱不释口，是派对中的必备甜食。

法式冰激凌 DIY

巧克力冰激凌

 材料

淡奶油 125g、牛奶 200mL、蛋黄 2 个、巧克力 2 块、白砂糖 70g、柠檬汁适量

做法

1. 将 70 克白砂糖、蛋黄和牛奶倒入奶锅中搅拌均匀。
2. 用小火加热搅拌均匀后的牛奶液，刚一沸腾就离火。
3. 离火后马上倒入淡奶油并搅拌均匀，再用筛子将混合液过滤。
4. 将巧克力块放入杯中，加入少许牛奶（200mL 之内的），放微波炉内加热 20 秒，加热至巧克力完全熔化。
5. 将适量柠檬汁挤入巧克力液中，再把混合好的巧克力液倒入牛奶混合液中。
6. 混合好的冰激凌液，放置 1 个小时，使其彻底冷却。
7. 把冰激凌液放入冰箱冷冻 1 个小时后取出，用电动打蛋器搅打均匀后，继续放入冰箱冷冻，之后每隔半小时取出搅拌一次，重复此过程 4 次以上，然后将冰激凌液冻硬后即可。

绿茶冰激凌

材料

牛奶 200mL、蛋黄 2 个、淡奶油 100g、绿茶粉 10g、白砂糖 40g

做法

1. 将蛋黄和白砂糖混合均匀后，慢慢加入牛奶，并混合均匀。
2. 用小火慢慢加热，不停搅拌（不要让浆水沸腾），煮至浆水浓厚（勺子背后能挂厚浆，指甲划过后不会立即消失）。
3. 蛋奶浆熬好后，加入绿茶粉，搅拌均匀，放冰箱冷却。
4. 将淡奶油稍微打发，加入冷却好的绿茶蛋奶液中，混合均匀，放入可以冷冻的带盖密封盛器内，入冷冻室冷冻。
5. 每隔 45 分钟取出，用勺子翻拌一下，重复 3 次以上，直到完全冻结。

香草冰激凌

材料

蛋黄 6 个、淡奶油 260g、牛奶 500mL、白砂糖 80g、香草荚 2 根

做法

1. 蛋黄分 3 次加白砂糖，搅打至白砂糖溶化，蛋液浓稠、发白。
2. 牛奶倒入锅中，小火加热，同时把香草荚剖开，将里面的香草籽用小刀刮入牛奶中。
3. 牛奶将要煮沸时关火（别沸腾）。
4. 将煮好的牛奶慢慢倒入蛋黄液中，边倒边搅拌，以免蛋黄受热结块。最后彻底搅匀。
5. 混合好的蛋黄牛奶液隔水加热（中小火，水最好不要沸腾），并不停搅拌。
6. 一直煮至蛋奶液变浓稠，此时的温度大约是 80~85℃，即铲子上能挂糊，划痕个易消失。这样蛋奶浆就做好了，将蛋奶浆放到一边冷却降温（可将盛放蛋奶浆的容器坐入冷水中）。
7. 冷藏的淡奶油倒入无油无水的容器中打至湿发，即提起打蛋器，打蛋头上的奶油呈比较柔软的倒三角形。
8. 将打好的淡奶油分次拌入蛋奶浆中，最后要彻底用手动打蛋器搅匀。
9. 做好的奶油蛋奶浆倒入盒子中冷冻，快凝固时取出，用勺子刮松。然后再冷冻，每隔 1 小时取出翻拌，重复 3~4 次。

—— DIY 小贴士 ——

1. 牛奶千万不要加热至沸腾，那样会把蛋黄烫至结块。
2. 将蛋黄牛奶液隔水加热虽然用时长了些，但不会令蛋黄结块。
3. 冷冻后的冰激凌不断拿出搅拌是为了拌入空气，增加蓬松感，使口感更细腻。

松饼的故事

松饼因面糊、厚度、形状等不同因素被分成各种类型，广泛流行于比利时、法国、荷兰及美国，但你知道松饼是如何被发明出来的吗？

古希腊人用两片长柄金属板作为最初的松饼机，把简单的材料如面粉、水和在一起，压成薄饼直接放在炉上烤焙，后来衍生出加鸡蛋、牛奶、蜂蜜等不同变化。同时松饼机的花纹也愈来愈多样化，有常见的格子形、子母形或卷成甜筒等造型，使松饼在口感和形状上变得愈来愈讨人喜爱，也更普及化。

传统的基督徒在复活节前 40 天必须守斋（周日除外），因守斋时不吃鱼、肉、蛋、奶等食物，在守斋开始的前一天，人们会将家里面的鸡蛋、牛奶等食材做成松饼为食，于是这一天就成了松饼节，传统上制作松饼时必须在教堂早晚两次敲钟之间完成，这两次钟声则被称为松饼铃。另外许多法语地区还有举行狂欢节庆祝活动的习惯，最有名的庆典在美国的新奥尔良与巴西的里约热内卢。

薄饼、煎饼、松饼知多少？

薄饼（Crepe）是面糊倒在烤盘或平底锅上，用 T 字形木棍将面糊摊开成薄饼或用薄饼机煎出，煎熟即可。煎饼

（Pancake，又称Hotcake）的做法是将面糊放入平底锅内正反面轮流煎烤，煎好后取出，装馅或搭配其他食材。松饼（Waffle，又称格子松饼、华夫饼），于18世纪从荷兰传到美国，是将面糊倒入两片炽热具有凹凸金属格纹的金属板内，由于上下同时加热，能缩短制作时间，据说松饼上的凹凸格子状是源自中世纪欧洲大家族的臂徽。

比利时松饼的由来

松饼"waffle"是由荷兰语"wafel"延伸而来，在众多种类的松饼中，大家耳熟能详的莫过于比利时松饼，主要分为两种：不发酵列日松饼及发酵布鲁塞尔松饼。

列日松饼源自比利时东部的城市列日，相传18世纪时由列日王子的御厨发明的，其特色是制作时将由甜菜提炼而成的白色珍珠糖熔化在松饼外皮上，出炉的松饼香气袭人，口感较扎实，裹着的一层焦糖令这种松饼有些微甜。

而布鲁塞尔松饼常被称为比利时松饼，是常见的大型松饼，以长方形居多，较厚重，制作时面糊加入酵母、蛋白，口感松脆，比较像面包。由Maurice Vermersch夫妇俩于第二次世界大战前，在比利时当地开餐厅时发明。战后这对夫妇在美国皇后区举办的世界博览会上，销售此松饼并改称为比利时松饼，后被人们搭配水果和鲜奶油一起食用并广泛推广与流行。在美国人们利用泡打粉做出较松软的美式松饼，常作为早餐，除了配黄油、果酱外，还可配搭草莓、蓝莓、覆盆子、香蕉等水果一起吃，更可搭配冰激凌，或各种馅料做三明治等，新的材料加入也可做成嚼劲十足的日式松饼。

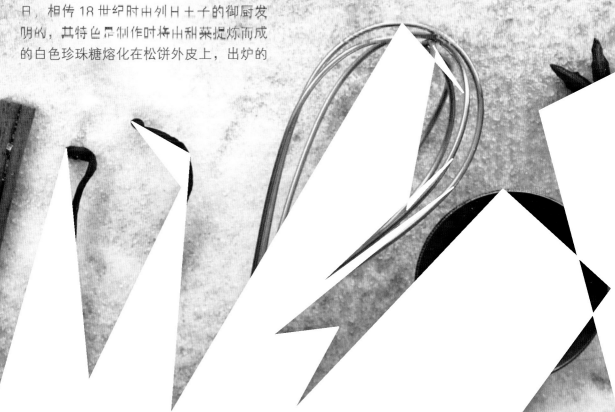

著作权合同登记号

图字：01－2015－2429

2015 中文简体版专有权经台湾橘子文化事业股份有限公司授权由北京出版集团有限责任公司出版，未经书面许可，不得翻印或以任何形式和方法使用本书中的任何内容和图片。

图书在版编目（CIP）数据

自己做才安心. 手作松饼的美好食光：用松饼粉做早、午、晚餐×下午茶×派对点心／高秀华著；杨志雄摄影. — 北京：北京出版社，2016.1
（优生活）
ISBN 978－7－200－11526－0

Ⅰ. ①自… Ⅱ. ①高… ②杨… Ⅲ. ①西点—制作
Ⅳ. ①TS213.2

中国版本图书馆 CIP 数据核字（2015）第 192532 号

优生活
自己做才安心　手作松饼的美好食光
用松饼粉做早、午、晚餐×下午茶×派对点心
ZIJI ZUO CAI ANXIN　SHOUZUO SONGBING DE MEIHAO SHIGUANG
高秀华　著　杨志雄　摄影
＊
北 京 出 版 集 团 公 司
出版
北 京 出 版 社
（北京北三环中路 6 号）
邮政编码：100120
网　　　址：www．bph．com．cn
北 京 出 版 集 团 公 司 总 发 行
新 华 书 店 经 销
北京利丰雅高长城印刷有限公司印刷
＊
787 毫米×1092 毫米　16 开本　8 印张　80 千字
2016 年 1 月第 1 版　2016 年 1 月第 1 次印刷
ISBN 978－7－200－11526－0
定价：38.00 元
质量监督电话：010－58572393
责任编辑电话：010－58572473